灵感源于 **安妮特·玛斯**

作者　安吉丽卡·胡贝尔－雅尼施博士（Dr.Angelika Huber-Janisch）在德国上巴伐利亚的一个小村庄长大，现在她和丈夫居住在兰茨胡特附近。虽然选择了学习生物学，但是她对写作的热情也从未消退。20多年来，她一直坚持为杂志撰写文章。2010年，她被授予"德国自然新闻奖特别奖"（Der Wilde Rabe），以表彰这些年她在儿童和青年教育领域的突出贡献。

献给米歇尔，祝愿他每一天都阳光灿烂。

献给我的爸爸妈妈，献给一切！

绘者　安妮特·扎哈里亚斯（Annette Zacharias）在德国巴尔特生活和工作，是一名自由设计师。除了插图和概念设计工作外，她还是一位摄影师、企业形象设计师、网站设计师。她也非常热衷于设计教学，时常在大学中教授设计类课程，在初高中及其他教育机构设计跨学科教育方案。

感谢卡琳，克里斯汀。

献给玛拉。

图书在版编目（CIP）数据

探秘缤纷野草丛 /（德）安吉丽卡·胡贝尔 – 雅尼施
著；（德）安妮特·扎哈里亚斯绘；杨磊译 . -- 北京：
中国海关出版社有限公司 , 2023.7
（发现隐藏世界的多样性）
ISBN 978-7-5175-0692-8

Ⅰ . ①探… Ⅱ . ①安… ②安… ③杨… Ⅲ . ①微生物
—普及读物 Ⅳ . ① Q939-49

中国国家版本馆 CIP 数据核字 (2023) 第 101271 号

图书著作权合同登记图字：01-2023-3072

发现隐藏世界的多样性·探秘缤纷野草丛
FAXIAN YINCANG SHIJIE DE DUOYANGXING·TANMI BINFEN YECAOCONG

文字作者：[德] 安吉丽卡·胡贝尔 – 雅尼施（Angelika Huber–Janisch）
插画作者：[德] 安妮特·扎哈里亚斯（Annette Zacharias）
译　　者：杨　磊
策划编辑：孙晓敏
责任编辑：夏淑婷
助理编辑：傅　晟
责任印制：张　霓
出版发行 中国海关出版社有限公司
社　　址：北京市朝阳区东四环南路甲 1 号　　　邮政编码：100023
编 辑 部：01065194242-7502（电话）
发 行 部：01065194221/4238/4246/5127（电话）
社办书店：01065195616（电话）
　　　　　https://weidian.com/?userid=319526934（网址）
印　　刷：北京天恒嘉业印刷有限公司　　　　经　　销：新华书店
开　　本：787mm×1092mm　1/8
印　　张：8　　　　　　　　　　　　　　　　字　　数：60 千字
版　　次：2023 年 7 月第 1 版
印　　次：2023 年 7 月第 1 次印刷
书　　号：ISBN 978-7-5175-0692-8
定　　价：78.00 元

发现隐藏世界的多样性

探秘缤纷野草丛

[德]安吉丽卡·胡贝尔 - 雅尼施 著

[德]安妮特·扎哈里亚斯 绘

杨磊 译

中国海关 出版社有限公司

·北京·

目录

草丛：
生机勃勃又五彩缤纷！

　　还有什么比五颜六色、芳香四溢的草丛更漂亮的地方吗？如果可爱的蝴蝶、胖嘟嘟的小蜜蜂在身边翩翩起舞，脚边还有翠绿的小蚂蚱，五彩缤纷的花朵一直蔓延开来，你会有什么感受？如果草丛中还传来阵阵悦耳的窸窸窣窣、蝴蝶振翅的声音呢？这种纯粹的乐趣，是大自然珍贵的馈赠。自从人类诞生以来，漂亮的草丛就一直存在，它的出现有可能更早，至少跟地球上开始出现大型食草类哺乳动物一样早。大型食草类动物根本抵挡不住嫩绿的灌木丛的诱惑，张大嘴啃食着它们，给草丛上方留出了足够的空间，防止了木本植物占据上风，也防止了草丛被密林覆盖。正如科学家所说，如果没有大型食草类动物的话，草丛就无法健康生长；正因为有它们，阳光才能照耀到草丛里，给鲜艳的花朵和草丛提供了生长的必要条件。

在人类历史上，畜牧养殖通常需要人类收割植物的茎秆来作为牲畜的饲料，由此产生了许多物种丰富的野草丛。这些物种数量占据了德国当地植物区系的1/3，其中有1000多种开花植物。你们看：草丛是大自然的宝库！物种丰富的野草丛为许多动物提供了栖息地和食物：大约3500种本地动物栖息在这里，其中有会飞和不会飞的昆虫、筑巢的鸟类和好奇的哺乳动物。

◇ 如何保护草丛？

通过修剪——否则乔木和灌木很快就会淹没这儿的一切，这儿将不再是一片草丛了。自然草丛每年修剪不超过2次，第一次通常在6月中旬，第二次不晚于9月中旬至10月初。当然，在草丛中养牛或羊，让它们在上面吃草是最好的。它们从不会一次吃掉所有的植物，总是会留下一些——这对草丛来说非常重要，这样草丛里的植物才有机会成熟，结出果实和种子，进而不断长出新的小草。

草丛里的鸟类：
勇敢，勇敢！

你观察过鸟类筑巢吗？观察它们嘴里叼的东西，真的特别有意思！从植物根茎，到苔藓、草、叶子、花瓣，甚至还有羽毛、纸板、泡沫塑料和绝缘材料，它们筑巢的材料包罗万象。有些鸟类还是非常聪明的小药剂师：它们将芳香的植物铺在巢穴里，以防止有害的细菌、病毒、蠕虫、真菌和许多其他病原体繁殖。筑巢快要结束时，成鸟会把巢穴垫得软一些，这样它们宝贵的鸟蛋就不容易被打碎，对于刚刚孵化出来的雏鸟来说，也会更温暖舒适。

许多鸟类繁殖的地点都高过人类的头顶——在敞口的、杯子形状的巢中，或者在悬崖洞穴里的巢中。这样一来，它们的蛋和雏鸟就能被保护得很好，可以免受地面捕食者的伤害。但也有直接在草丛里繁殖的鸟类。在五颜六色的花朵和茂密的草丛里繁殖是非常勇敢的——因为这里有许多危险，许多鸟类在高一些的地方繁殖可以避免一些危险。例如，在下

大雨的时候，这里会发生洪水，还有狐狸、鼬类和其他饥饿的"小偷"在觊觎（jì yú），它们清楚地知道在哪里可以找到美味的鸟蛋或者雏鸟来填饱肚子。好在许多在草丛里繁殖的鸟类都有聪明的招数，确保它们的后代不容易被发现。例如，云雀的雏鸟将自己伪装得非常好，人们必须站得很近才能在植物茎秆中发现它们。为了确保隐藏得足够隐秘，当危险来临时，它们会一动不动地躲在原地，但这种行为也可能给它们带来灾难，例如，开着割草机过来的农民就很难注意到这些鸟。

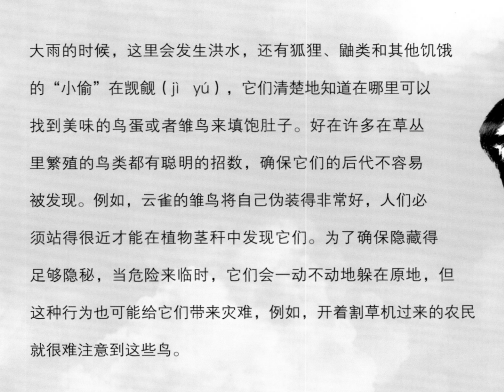

◇看，看，它们多聪明……

白鹳不仅喜欢吃青蛙，还喜欢吃蚱蜢。白鹳如何不费吹灰之力就能获得它们最喜欢的富含蛋白质的食物？跟在耕地拖拉机或联合收割机后面就可以啦！那些被压碎的"小点心"就在脚下——它们只需要在被收割过的草丛上捡起来即可。嗯，好吃！

哺乳动物：
出发去野草丛

　　谁敢仅仅出于好奇就从隐蔽的森林中走出来？一只小鹿如果走出了保护它的森林去野草丛里看看，那它一定得小心。或许，它只是饿了。鹿很聪明，它知道在太阳下的野草丛中，美味的植物生长得总要比黑暗的森林中快很多。对于动物来说，食物的诱惑还是非常大的，而且还是在高高的野草丛中，动物们可以很好地躲藏起来，不会遇到什么危险，但这也不表示这趟野草丛之行一点危险都没有。例如，当野草丛被修剪时，每年都有许多小鹿被割草机误伤。为了保护幼小的动物，许多农民在割草前都会提前排查草地。人们还可以在割草前利用无人机和热成像仪等高科技设备，来发现躲在野草丛深处的毫无防备的小鹿。

　　　　鹿并不是唯一一会躲在野草丛中的哺乳动物，活泼的鼩鼱（qú jīng）、灵活的黄鼠狼、可爱的田间仓鼠和几乎失明的鼹鼠都常常会来野草丛寻找食物，有的甚至直接住在野草丛中。偶尔还能看到几只野兔或棕色的穴兔在野草丛中跳来跳去。小动物的跳跃声总会吸引来狐狸，狐狸喜欢吃来到它们锋利牙齿前的动物。

◇ 长耳朵还是短耳朵?

　　野兔其实很好辨认,但许多人仍然把它和穴兔混淆。要分清它们其实非常简单:野兔有强壮的后肢可以蹬地,而且它的耳朵是本土动物中最长的,有的甚至长达14厘米,跟你在学校里用的钢笔或者铅笔一样长。很显然,它可以用它的长耳朵听得清清楚楚,当然体形小一些的穴兔也可以听得比较清楚,但耳朵就短多了。

◇ 不要触碰!

　　5月,小鹿出生了。小鹿的妈妈会把小鹿先藏在野草丛中的灌木底下。在茂密的野草丛中,手无寸铁的小家伙们往往要等上好几个小时,直到妈妈回来给它们喂食。和动画片《小鹿斑比》的主角相似,它们身上的皮毛满是斑点,可以很好地保护自己不被鹰科的鸟类捕食。陆地上危险又贪婪的捕食动物也很少注意到小鹿,因为它们身上还没有自己的气味。如果你在野草丛里发现了小动物,最好不要去触摸它们。不然,它们就会沾染上人类的气味,它们的妈妈就认不出它们,无法继续喂养了。

昆虫：
多彩多样的马戏团！

昆虫在草丛中、花丛间爬行、飞舞，嗡嗡作响，整个野草丛热闹非凡。昆虫们忙忙碌碌，每天都在努力设法不被其他动物，如鸟、哺乳动物、蛇、青蛙、蟾蜍、蜘蛛或者其他昆虫吃掉。这些小昆虫的生活真的很不平静，而且它们的寿命通常很短，于是通过大量繁殖来弥补这一劣势。虽然许多昆虫过着非常危险的生活，但它们真的很勤劳。你知道吗？蜜蜂们采集约200万朵花才能收集到约1千克花蜜和花粉。首先，它们得在野草丛中寻找到美味的花卉，如西洋蓍(shī)草、风铃草、矢车菊、白三叶和雏菊。为了酿造500克成熟蜂蜜，蜜蜂们需要飞行约12万千米——这相当于绕地球3圈，简直令人难以置信！

◇ 许多种类，许多口味

野草丛中有许多昆虫，等待你去发现：胖乎乎的大黄蜂、小小的蚂蚁、会唱歌的蝉和蚱蜢、蜜蜂、蝴蝶、甲虫、臭虫、蜻蜓等。野草丛中物种的多样性很难用数字来表示，其实这也并不难理解，毕竟食物可是昆虫们特别看重的。在这里，它们喜爱的食物有很多，从草、叶、果实、茎、树液、树皮和树干等植物到真菌、细菌、无

还阳参

桃叶鸦葱

红菽草

蓝铃花

雏菊

脊椎动物、脊椎动物，还有粪便、遗骸、皮毛、纸张、皮革、蜡和其他东西，而且它们的食物清单还远不止这些！

◇ 上千双小眼

如果你曾仔细观察过昆虫，可能已经注意到它们又大又圆的眼睛。这是复眼，由不定数量的单独小眼组成。不同的物种，有不同的数量：家蝇的复眼由约3200只小眼组成，蜂后的复眼由约3900只小眼组成，工蜂的复眼由约7500只小眼组成，蜻蜓的复眼则由约28000只小眼组成。这些小眼每一个都会产生自己的图像。从单个图像中，昆虫的大脑能立即将周边环境的图像整体组合起来。复眼中的小眼数量越多，捕捉的图像分辨率就越高。

为什么人们抓苍蝇时，它们总能跑掉？原因就在于它们的复眼能够以非常高的帧率来解析运动。苍蝇可以将每秒感知的画面拆分为约330次单独的图像——而我们人类最多只能拆分约50次。正是由于这种特殊的眼睛，在苍蝇眼里，人类拍向它们的手，就像是慢动作一样。

毛茛

风铃草

草甸报春花

草甸碎米荠

草丛里的蝴蝶和飞蛾：翩翩飞舞！

在草丛里做着美妙的梦，醒来后再伸展四肢，环顾四周，简直惬意极了！五颜六色的花朵在风中欢快地摇曳，忙碌的昆虫在秸秆和茎叶间到处攀爬。如果你一动不动，说不定还会有只漂亮的蝴蝶落在你的鼻子上。哇，它晃动着精致的小翅膀，多么有趣啊！如果现在有人问你，草丛中来来往往的这些生物中，谁最美丽，你会怎么回答？

在这些常常出没于草丛的生物中，有许多不同种类的蝴蝶。根据草丛类型和花的种类的不同，各种飞蛾也会在草丛中飞进飞出。不同的蝴蝶和飞蛾在一天中的不同时段出现：在白天，会有漂亮的灰蝶飞来飞去；到了晚上，就会出现其他种类的飞蛾，例如天蛾，它们会在天黑后来到草丛中。当然，那时你已经躺在舒适的床上，看不到它们如饥似渴地取食那些只在夜间开花的特殊植物了。

优红蛱蝶

黄凤蝶

◇ 跋山涉水而来的蝴蝶和飞蛾

有的蝴蝶和飞蛾从很远的地方来到野草丛，例如来自南欧的粉蝶、优红蛱蝶和蜂鸟鹰蛾。还有从不远的地方赶来的黄凤蝶，它扑扇着漂亮的翅膀在晴朗的天空中飞来飞去。小红蛱蝶每年也会过来——它们的旅途最远，有的甚至来自非洲——这是人类已知的迁徙距离最远的蝴蝶种类！有时它们会大规模地迁徙，多达1亿只蝴蝶飞到德国。你能想象吗？这些蝴蝶比居住在德国的人口还多！如果你仔细观察，就会发现它们娇嫩的翅膀往往都已被磨损，有些甚至折断了。那它们为什么还要长途旅行？很简单：为了追随雨水。德国的野草丛里有更多新鲜的植物，它们的后代在这儿繁衍要比在南欧、北非那些干燥寒冷的地区更好。

晚樱草

天蛾

◇ 小小的动物，长长的口器

你知道为什么蝴蝶有这么长的口器吗？很简单：它们需要伸进花朵中。如果没有长长的口器，那它们就只能挨饿，因为那些美味、甜美、可吸食的花蜜只有在花的底部才会出现。

小红蛱蝶

真实的地下生活：隐秘而又神奇

叽叽喳喳！锵锵咚咚！草丛底下常常像座矿山一样，被开凿、被挖掘、被打洞，土壤中的生物质被消化。偶尔还会传出一阵令人毛骨悚然的声音——例如，当蚯蚓不知疲倦地挖掘隧道、不断地来回移动土砾和沙子时，发出的嘎吱声。植物的根在生长时也会发出开裂的声音。这个过程非常缓慢，但令人印象深刻。正是因为植物的根会发出这种声音，人们才能够听到植物生长的声音！当然，只有使用非常灵敏的声音记录仪时，才有可能听到。研究人员就是利用声音记录仪才采集到了这些人类的耳朵无法捕捉到的声音。

潮虫

有一点是肯定的：像空气和水一样，你脚下的土地也充满了无数生物的声音。

地下的环境非常好，又温暖又潮湿。对数以百万计的**微生物**来说真的很舒适，例如鞭毛虫、变形虫、纤毛虫，或者一些小型动物，如轮虫、线虫、螨虫和弹簧虫。当然还有较大的小动物，如刚毛虫、蜗牛、蜘蛛、潮虫、千足虫、甲虫及其幼虫和蚯蚓。你知道地球上1/4的生物生活在哪里吗？没错：地下！

当然，田鼠和鼹鼠等哺乳动物也是其中的一部分，它们在地下耕作了大半辈子。勤劳的鼹鼠可不会偷懒或者累得气喘吁吁——因为这些地下工作对于它们这种"地下建筑大师"来说一点都不难。毕竟，它们拥有巨大的、像铲子一样的前腿，完全可以胜任这种工作。凭借其强壮的长爪子和手掌，鼹鼠以极快的速度穿行地下：以约每分钟20厘米的速度前进——算下来每个晚上能够前行大约90米，简直令人惊叹！

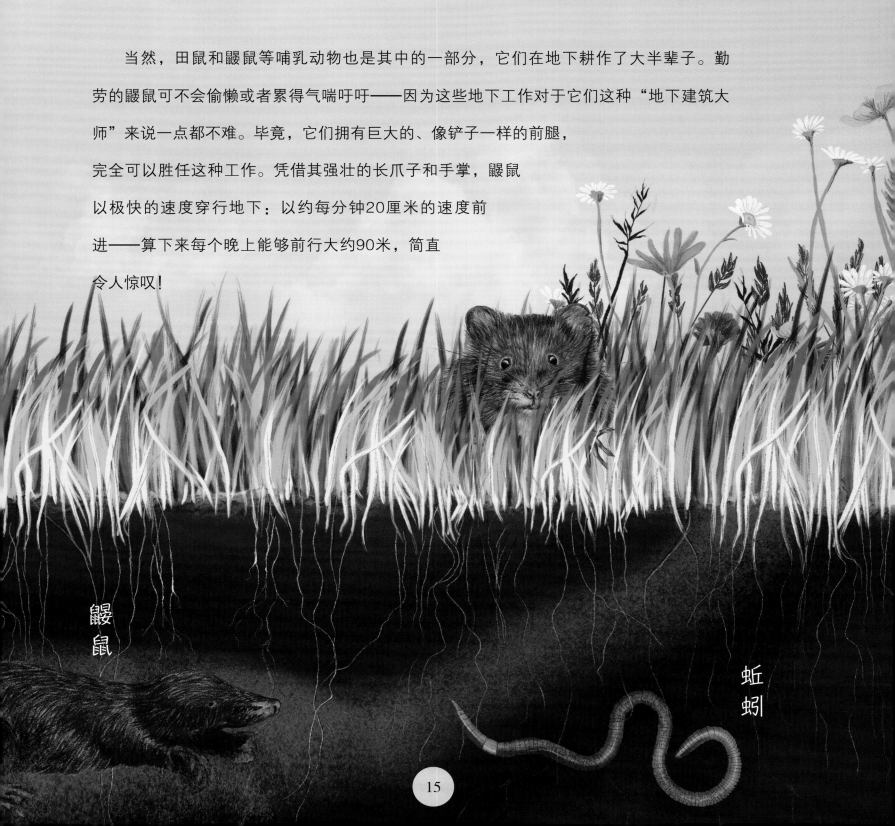

鼹鼠

蚯蚓

爱、毒牙与成长

◇ 隐秘的"统治者"和贪婪的"捕食者"

草丛的表面到处都是甲虫和蜘蛛，还有地面上的隐秘"统治者"——蚂蚁。蚂蚁在茎秆之间筑起地下巢穴，尤其是黄色的草地蚂蚁和黑毛蚁特别喜欢草丛中的土壤。草丛间堆起的沙土堆通常就是它们建造的巢穴。有时巢穴上长满了草，很难被发现，有时巢穴也会围绕着草叶而建，草叶作为巢穴的支撑，增加稳定性。巢穴通常有好几个入口和出口，蚂蚁就是从这些入口、出口进进出出。观察蚂蚁捕食非常有趣，它们像毛毛虫一样拖着比自己的身体大很多的食物，这时候良好的团队合作就显得极为重要。

蚂蚁非常疼爱后代。在阳光明媚的日子里，它们时常会把宝贵的孩子们放在草丛里晒太阳取暖。当然，这个时候会有大批工蚁来守护小蚂蚁们。

萤火虫

萤火虫幼虫

◇ 濒临灭绝的萤火虫

在夏夜看看萤火虫，是多么棒的一件事呀！成年萤火虫靠彼此身上一闪一闪的光芒来寻找伴侣交配，真是太浪漫了。它们这样做可不仅仅是为了寻找伴侣，也是为了避开捕食者。大自然中的动物们都知道，所有会发光的东西都不好吃！萤火虫的味道也的确很糟糕。但你知道吗？成年萤火虫只能存活3周，它们一生中的大部分时间都处于幼虫状态，能持续约整整1年的时间，而这些贪婪的小家伙相当危险——至少对蜗牛来说如此。蜗牛是它们最喜欢的食物。现在侦探片开始了：像侦探一样，贪婪的萤火虫幼虫跟踪蜗牛黏液的痕迹，最后用毒牙咬死它们。大多数萤火虫幼虫喜欢生活在潮湿的草丛中，因为蜗牛需要有草及草本植物的潮湿栖息地。如果由于某些原因，例如全球变暖，环境变得过于干燥，蜗牛就会消失。这样，萤火虫幼虫就没有东西可以吃了，这也是德国的萤火虫越来越少的原因。

阴谋与诡计：
花朵如何吸引传粉者

虽然草丛中草的颜色非常单调，但野花却让整片草丛缤纷多彩。这愉悦着我们的眼睛、鼻子，但花朵可不是为了我们才做这些的。它们这样做完全是出于自身的利益，因为它们想用鲜艳的颜色吸引尽可能多的昆虫，仿佛在说："来呀，这儿有甜美又营养丰富的花蜜。"飞舞的昆虫们迫切地需要花蜜来补充能量。它们吸花蜜的同时，将雄蕊携带的花粉从一颗花蕊传播到另一颗花蕊。这种授粉对于植物来说至关重要。毕竟，它们被困在土壤中，没有办法跑去寻找伴侣来一起繁育后代。只有当花粉进入另一株植物的子房，与那里的雌蕊接触，才能形成带有种子的果实，新的植物才能从中生长。

黄翅蝶

石竹

大黄蜂

草甸鼠尾草

蜜蜂

小冠花

◇ 展示你的花蕊

每种花都有自己吸引昆虫的方式。有的花朵用大量的色彩来吸引昆虫。白天活动的蝴蝶、蜜蜂都很喜欢蓝色、黄色，最喜欢的是红色。蜜蜂花的颜色也很鲜艳，它们的花朵上还有对我们人类来说看不见的**紫外线**范围内的颜色。苍蝇兰通常呈白色、绿色或红褐色，有强烈的香味。芳香类型的花朵还包括**草甸鼠尾草**，它特别受大黄蜂的欢迎。但也有许多开花植物使用不那么适合的方法，其中不乏各种诡计，因为在草丛里，传粉竞争特别激烈。

例如，**野生胡萝卜花**的伞形花上有一个黑点，看起来像一只苍蝇坐在上面。这时，如果苍蝇的同胞们看到，就会立即飞过去：同胞在哪里，它也想在哪里。

小冠花和其他蝶形花科的植物都属于"机智的技术人员"：如果一只飞虫落在它们的上下层花瓣——龙骨瓣中，雄蕊和雌蕊上的花粉就会迅速落在小飞虫的身上。

"小心，陷阱！"许多**草甸兰花**看起来像雌性昆虫，能够欺骗给它们授粉的昆虫，让它们以为是恋人。渴望爱情的雄性昆虫上了当，在它们交配失败的过程中，身上沾满了花粉——然后，它们被"爱情"蒙蔽了双眼，把花粉带到下一株植物的花中，使其受精。

例如，**石竹**属于"空中交通管制员"。花朵上有像汁液痕迹的纹路，为靠近的昆虫画好降落的跑道——就像你在机场看到的一样。从远处看，汁液痕迹表明这里有美味的花蜜。

长角蜂族

蜂兰

竹蜂

野生胡萝卜花

征服新世界：植物种子的传播

许多草甸花只能存活几年，有些甚至只能存活一年。一年快结束时，它们就会枯萎，需要认真思考如何度过冬天。多年生植物通常以地下器官的形式存活，如球茎、块茎和根茎，到第二年春天再发芽。然而，一年生植物必须年复一年地确保它们在第二年再次生长。为了做到这一点，它们孕育种子，种子里包含着生存所需的一切物质。多年生植物也会这样做，以征服新的栖息地。通过这种方式，可以防止家族灭绝，以应对现有栖息地被破坏的情况，例如被建筑物所侵占或环境变得不适宜生存。如果种子落在适宜的土壤上，它们就会发芽。但是，这些种子是如何做到不仅在它们的母株旁落地，还能进入广阔的世界中的呢？

还阳参

蓝铃花

匍筋骨草

◇ 通过伞、种荚和奖励

植物的种子有的很小，有的很大，有的很轻，有的很重，有的奇形怪状，有的会带着附属物。你肯定认识一种带着附属物的植物——蒲公英。仅仅经过几天的开花期，蒲公英就会变成毛茸茸的球。一阵微风拂过，就足以让1朵蒲公英的400颗种子在空中翱翔。如果风向好的话，能够落到几千米之外。能够飞行的，不仅仅是蒲公英的种子：还阳参和桃叶鸦葱也会利用这种方式，让自己的种子飘得更远。

蓝铃花和匍筋骨草的种子也有附属物。不过，不是为了飞行，而是为了吸引蚂蚁。为了确保小蚂蚁跑过来，把它们的种子带回家囤积在巢穴里，它们的附属物中积聚了大量营养丰富的油、脂肪和糖。蚂蚁吃完美味的附属物后，就会把对它们来说毫无价值的种子搬出洞穴，运到其他地方——幸运的是，它们的种子可以在那里发芽。

在风大的时候，种荚弹射就可以发挥作用了。虞美人、狗筋麦瓶草、康乃馨、风铃草就通过这样的方式来传播种子，它们形成干燥的种荚，种子通过一个开口散落——风吹得越大，从种荚里掉出来的种子就越多。其他植物，如草甸鼠尾草和夏枯草，则依靠雨水，掉落的大雨滴将种子从果实中打出来。鹤嘴兰用自己的冲击力将种子大力甩出——最多可达2米远！

桃叶鸦葱

花朵和住在里面的昆虫：热闹极了！

花朵有很多东西可以提供给昆虫和蜘蛛这些小动物，这座"食品储藏室"里总有源源不断的好吃的。不仅如此，花朵既为小动物提供了温暖舒适的卧室和大量的筑巢材料，也是激动人心的狩猎冒险舞台。

昆虫通常会通过运输花粉这项工作获得很好的回报，例如，在铃兰花中免费过夜。野生蜜蜂非常乐意接受这个诱人的提议。有时人们甚至能够发现好几只野生蜜蜂一起蜷缩在一朵花里休息。不仅是在晚上，在恶劣天气或非常热的时候也是如此。一些野生蜜蜂从花朵上啃食材料来建造巢穴。例如，紫壁蜂用它灵活的嘴，从虞美人的花瓣上切下小块，贴在地下巢穴的墙上。

◇ 织网，还是？

比起在花朵中休息，蟹蛛更喜欢躲在花丛中捕食。它非常勤奋地织网，但与其他蜘蛛不同的是，它并不是用这些网来捕

食。它有一个与众不同的捕食技巧：直接扑向猎物……哇，这听起来很危险，不是吗？因为蟹蛛是一个非常熟练和狡猾的猎手。它伪装好后，静静地在花朵上或者叶子上等待，只有非常仔细观察才能找到它。它的座右铭：伏击、追踪和撕咬。当然还有悄无声息地注入毒素。尽管蟹蛛最多只能长到1厘米，但它却能捕捉到比它大很多的蜜蜂、大黄蜂、马蜂和苍蝇。它用自己的蛛丝作为保险绳，确保在草茎间的高空冒险中不会跌落。它之所以被称为蟹蛛，是因为它可以用强大的前腿快速地侧向和倒退着跑，就像螃蟹一样。

◇ 有多少蜘蛛藏在里面呢？仔细看看！

在开花的草丛里，可变蟹蛛特别常见。雌性蟹蛛可以根据坐在哪朵花上来改变自己身体的颜色。在毛茛（gèn）上，它们是柠檬黄，在贯叶连翘上也是如此。在雏菊上，它们变成白色，在其他花上则是黄绿色到略带褐色。当然，这不会在几秒钟内发生，而是需要几天。如果蟹蛛在变色游戏后能在一朵花上停留一段时间并舒适地定居下来，那就更好了，这比不断更换衣服以适应各种场合要省事得多。

贯叶连翘

深夜，
当一切都
入睡时……

猫头鹰

……野生动物在草丛里
活蹦乱跳，至少在炎热的夏日
夜晚是这样的。在草丛与花叶之
间，就像是开节日盛会一样热闹。几
乎所有动物都活跃了起来。但并非所
有的夜行者都意图和平。狐狸、刺猬、
貂和獾正在黑暗的掩护下寻找食物，老鼠
和昆虫们必须非常小心，以免最终落入它们饥饿
的嘴里。猫头鹰和蝙蝠无声地在草丛上方盘旋，它们依靠强
大的听觉，绝不会错过任何轻微的沙沙声或其他微小的动静。然而，
其他的草丛居民却有一种浪漫的心情：蟋蟀在鸣叫，萤火虫在发光，青
蛙和蟾蜍在呱呱叫——所有这些都是为了吸引交配对象的注意。但是，
等等！有几个草丛居民居然在睡觉。有些野生蜜蜂舒适
地在铃兰花中休息，但有些蜜蜂就没有

野兔

刺猬

小林姬鼠

这么幸运了，它们咬住叶子，挂在草叶上，这样就能安全地——离地面高高的——躲避吃昆虫的小型哺乳动物。这并不舒服，不过为了在夜间不受干扰地休息，也不得不这样做了！

◇ 萤火虫是如何发光的？

萤火虫，也被称为亮火虫，它们会发光源于自身体内产生的两种物质之间的化学反应。这个过程被称为**生物发光**。一开始，它们发着光，尽情地闪耀着。逐渐地，光线变得越来越弱——大约3个小时后，它们自身的光就会熄灭。不幸的是，如果到那时它们还没有找到伴侣的话，就要孤零零地继续飞翔。

◇ 蝙蝠如何导航？

蝙蝠拥有巨大的耳朵。它们用大耳朵来收集和定位听到的所有声音。它们自己也很吵闹，但你却无法听到它们在夜里的鸣叫。这是因为它们发出的**超声波**对我们来说是听不到的。这些声波会被物体和猎物反射回来并被它们接收，所以它们不会撞上房子的外墙和路边的树。它们能绕着所有的障碍物飞行，并能第一时间发现面前的猎物，然后在飞行中准确无误地将其捕捉。

獾

野草丛里的一年四季

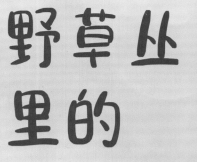

　　每年，野草丛中都会上演同样的一幕：春天的第一朵花一出现，就有特别有趣的黄翅蝶在上面翩翩起舞。它们以成虫后的形态，也就是蝴蝶的样子冬眠，现在则饥饿地扑向早春花朵——如草甸报春花的美味花蜜。

咿呀，终于又到春天了！现在，它们需要为自己补充能量，因为它们必须迅速找到伴侣以养育后代。当然，它们也会在整个夏天将长长的口器探入那些五颜六色的花朵。它们特别喜欢紫色的花朵，例如，蓟草、红野菜和结缕草。一会儿在这里吸食，一会儿在那里啜饮，尽情享受生活，直到秋天。野草丛变得寒冷起来，随着最后一个温暖、阳光灿烂的日子结束，快乐的舞动也结束了。小小的野草丛世界从此变得阴沉而灰暗。

　　野草丛的颜色也会在一年四季发生变化。春天，野草丛是大片大片的绿色，有时，它与草甸碎米荠的粉蓝色花朵一起闪耀着明亮的光芒。初夏，大多数野草丛中的花都开了，野草丛的颜色变得越来越五彩缤纷。夏末，草的褐色茎和许多白色的伞形科植物占据了大面积的野草丛。

秋天，细密的蜘蛛网覆盖在枯萎的草叶上。一到清晨，野草丛间的露水就会闪闪发光，晶莹剔透！到了冬天，野草丛变得平静而隐秘。有时白霜布满了整个野草丛，有时还有雪花降落。仔细一看，突然发现：是什么东西挂在一棵瘦小的草茎上？是一片冰冻的叶子吗？不，它是一只昏昏欲睡的黄翅蝶，正在梦想着明年的春天！它已经收起了翅膀，并将在未来几个月里过冬，像一片叶子一样保持僵硬，伪装起来。

◇ 天然防冻剂

蝴蝶是如何在霜冻中做到这一点的呢？它们通常在野草丛中、树缝中或地上的落叶中休息。为了度过寒冷的季节，它们会产生一种保护其体液不被冻结的物质——防冻甘油。工业化生产的汽车里的防冻液也含有这种物质。它能够帮助蝴蝶在-20℃的环境中存活下来！

野草丛里的防御性植物：棘、刺和毒

"哎哟，什么东西刺到了我？"任何曾经赤脚走过野草丛的人都肯定不止一次地喊过这句话。许多草有非常锋利的边缘，可以狠狠地把人割伤。有些植物还有倒钩、黏性大的毛须和尖锐的刺来保护自己！当然，它们这样做不是为了惹恼你，而是为了阻止贪婪的动物。毕竟，作为牢牢扎根于地下的植物，在危险面前简单地选择逃跑是不可能的。因此，当贪婪的野兔或穴兔啃咬它们脆弱的叶子和根茎时，它们就会勇敢地反击。众所周知，玫瑰的刺很厉害，而动物柔软的鼻子甚至比你的脚底还敏感。等等，刺，嗯？是的，玫瑰有刺，而不是棘！

◇ 棘和刺之间的细微差别

这不是完全一样的吗？不是的，刺长在茎或枝干的表面，刺与茎之间没有维管组织相连。因此，它们通常很容易被折断。而棘是由叶子或新芽变态发育而成，与维管组织相连。它们通过维管获得水和营养物质的供应。例如蓟草，草丛中央的它长满了棘，不穿鞋最好绕过它！

毒董

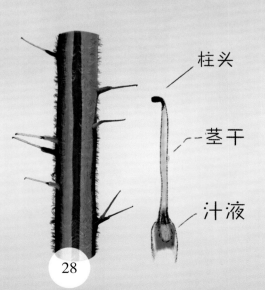

柱头

茎干

汁液

小心，有毒！

◇ 小心，有毒！

有些植物面对危险做出的反应要比棘和刺隐秘很多，人类无法第一时间用肉眼观察到。它们制造出来的毒药能够引起灼烧感，甚至致命。例如，我们都认识的有毒植物——异株荨麻。人们一旦触碰到它，会感觉非常疼。因为它的刺在折断后会向皮肤注入毒素。

除了很尖锐以外，它们也具有毒性。受到伤害时，它们会分泌出一种具有腐蚀性且刺激性非常强的汁液。这些汁液暴露于空气中时会迅速凝固，成为许多昆虫的致命陷阱。

毒堇更加危险，它是德国已知的最有毒的植物之一，有着非常黑暗的过去：在古希腊，人们用它酿造致命的药水，用于处决犯人。

异株荨麻

玫瑰

野草丛里的纪录：
更快、更高、更远
——当然还有更响亮！

野草丛中聚集了很多生物，就像音乐会一样热闹：蚱蜢在鸣叫，青蛙在呱呱叫，瓢虫和大黄蜂嗡嗡飞舞，鸟儿啁啾，拍打着翅膀，声音变得更响亮。

野草丛音乐会中不可忽视的一名选手就是蟋蟀，它是直翅目昆虫中声音最响亮的了。它响亮的鸣叫声对于自己来说，就跟我们听到电锯或割草机的声音一样，震耳欲聋！为了不让自己失聪，蟋蟀在演唱时，会将耳朵切换到暂停模式；而当它不想鸣叫时，它又会像按下按钮一样再次打开耳朵——毕竟，它也想听听同类有什么话要说。其他昆虫的交流能力也不弱。例如，螽（zhōng）斯和绿色的蚱蜢，在音量上绝不比蟋蟀逊色，它们的叫声甚至可以传到200米以外。你们知道吗？鸣虫有两种不同的发声方式。螽斯和蟋蟀，是将翅膀边缘互相摩擦发声。蚱蜢，如田野蚱蜢，是用腿摩擦翅膀发声。每种蚱蜢都有自己的音调、旋律和节奏！除了地面上的音乐家，高空中的音乐家——云雀也不断地盘旋在空中歌唱。云雀保持着连续鸣叫的纪录：一种雄性云雀可以连续鸣叫约6分钟而不换气。

沫蝉

70厘米
60厘米
50厘米
40厘米
30厘米
20厘米
10厘米

云雀

在野草丛里，还有许多其他纪录的保持者。例如，跳高的纪录是由沫蝉保持的。它们的跳跃高度可达70厘米，是身体长度的100倍，这简直令人难以置信！它甚至保持着整个昆虫王国的世界纪录！如果你也能像它一样跳得这么高的话，就能跳140米左右，那肯定能够在奥运会中获胜！

在野草丛中，不仅有跳得高的选手，也有行动快的选手。如果野草丛里的动物要参加世界一级方程式赛车锦标赛，小豆长喙天蛾绝对是第一名，而且远远超过第二名！它可以在短短6秒内从静止加速到约每小时70千米。

大黄蜂拍翅的速度比其他昆虫都要快：每秒可高达约240次！它甚至可以在不扇动翅膀的情况下使用它所需的肌肉。然后，大黄蜂颤动着圆滚滚的身体，连带着周围也有节奏地震动起来。花粉也从它靠近的花朵里震荡出来，附着在了大黄蜂体表上。有些花粉会被大黄蜂吃掉，也有些被大黄蜂随身带着去其他花朵上授粉了。

鸣螽斯

蟋蟀

螽斯

草丛也需要理发
——什么时候?

一片草丛至少需要2~3年,有时甚至更长的时间才能生长起来。只有这样,其中的植物数量才会稳定平衡下来,不再发生大的变动,但前提是:不过多干预,不施肥,每年只修剪1~2次。如果太频繁地施肥或者修剪,草丛很快就会有变化,整个漂亮多样的生态系统会在短短一年内就像纸牌屋一样崩溃。为什么会这样?

很简单,草丛中的生物之间有非常密切的交互关系,一切生物都相互关联,也相互依赖:植物依赖为其授粉并确保其持续存在的昆虫;昆虫又需要从植物身上获取花蜜,对于一些昆虫——例如许多蝴蝶的幼虫来说——植物本身也是它们的食物;鸟类、鼠类、两栖动物、爬行动物和蝙蝠也需要昆虫作为食物;最后,这些小动物又作为鹰的食物。这样的例子还有很多。此外,草丛还为许多动物提供了掩护。修剪野草丛会把这一切都破坏掉,直到这些植物再次长高。

地榆

◇ 会发生什么……

如果过晚割草……

如果草丛第一次割草的时间晚于6月中旬，其中一种非常特殊的植物——地榆，就不能在大蓝蝶的飞行期及时重新长出来。这非常具有戏剧性，因为只有在这一类植物上，大蓝蝶才会求偶、交配并在其花头中产卵！因此，如果草丛在错误的时间被修剪，大蓝蝶就不能再繁殖，也很难生存下去了。

如果过早割草……

如果草丛修剪得太早，会干扰草丛中的鸟类筑巢。这时，许多幼鸟还未发育成熟，无法跳出巢穴，就会惨遭毒手。大多数小鹿和野兔也迫切需要草丛植物的掩护。被割掉的植物还是昆虫的食物来源，这样一来，昆虫也有可能会被饿死。

如果割草太频繁……

这样的话，草丛很快就会失去大片的花朵，许多植物没有足够的时间孕育种子并再次发芽——这意味着明年的草丛将再也没有这些植物。那就太可惜了，不是吗？

大蓝蝶

氮：好东西太多了

  ……少即是好，这也适用于草丛的施肥。换句话说，营养物质的非自然供应，特别是氮（dàn），尤其要注意。仔细观察周围的草丛，就可以判断出它是否被施过肥。如果眺望远处，能够看到大片的蒲公英、酸模、白三叶、毛茛和苦苣菜，色彩斑斓，乍一看可能很漂亮，但这意味着这片草丛肯定被大量施过肥。例如，当农民把这片草丛作为畜牧草场，为他们的动物获得尽可能多的饲料时，就会发生这种情况。当草丛被施用大量的液体肥料或人工肥料时，就意味着这片草丛被过度干预了。

  施用大量的肥料会增加植物数量。但是，对于草丛的物种多样性来说，却并不是什么好事。肥料中所含的氮使部分植物比其他植物生长得更快。快速生长的草，如蓟（jì）草、酸模和披碱草，迅速占据上风。之前贫瘠的地方会有各种花朵绽放，现在都被无情地取代了。当然，这对野生动物们也有影响：由于植物生长得又高又密，许多在草丛中筑巢的鸟类无法再在其中灵活移动。此外，草丛底部的温度也会变得更低——因为不会再有那么多阳光照射进来了！这反过来又促使蚱蜢、沙蜥等喜热的动物，还有蚂蚁和其他生活在地下的动物迟早离开草丛。

披碱草

蒲公英

然而，氮也可以通过其他途径，例如工业排放、旧的供暖系统和汽车的内燃机进入草丛。这些途径使氮氧化物飘散到空气中，与农业化肥中的氨一样，很容易分解。由此产生的氮有时会滴落到很近的地面，但有时也会通过雨水、露水和薄雾飘落到很远的地方。若氮进入草丛，会加重草丛的肥料过剩。风和雨也能把过度施肥的农田中的氮转移或冲到草丛中。一片物种丰富的野草丛会面临非常多的危险！

◇ 经验法则：

施肥可以增加植物数量，也会减少野草丛的物种丰富度！

一片野草丛越是只靠自己的生态系统循环，施肥越少，即养分越少（特别是氮），其物种丰富度就越高，野草丛中物种的种类就越多，动物在其中也越感到舒适。

酸模

凤头麦鸡

野草丛里的苔藓

　　拔掉，清除——这是大多数人看到苔藓时的想法。毕竟，苔藓可能会给人们精心打理的草坪带来危险。因此，人们会把苔藓拔掉，用钩子或棍子把苔藓挖出来。哦，如果人们都知道苔藓是多么奇妙的小植物就好了，即使它们不开花，往往只有几厘米高，毫不起眼。苔藓没有根，只从空气和雨水中吸收需要的一切。它们多么节俭，而且，对于所有人来说都非常重要！它们像海绵一样，吸收水分，储存在自己的组织中，并逐渐将水分释放回周围的环境。野草丛中的草和花通过它们保持活力；鸟类可以很好地利用它们精致、柔软的茎和叶来建造巢穴；许多昆虫和微生物，如伪蝎、跳虫和水熊虫也把苔藓当作家园；苔藓还可以过滤空气中的大量污染物。它们有许多不同的颜色：绿色、棕色和红色，看起来也非常漂亮。

在野草丛中，有一些苔藓的名字相当有趣，例如，反叶拟垂枝藓、大湿原藓、垂枝藓（德语称"肚脐小甜点苔藓"）。山羽藓（德语称"枞树苔藓"），看起来就像是小小的、平平的枞树一样。当然，也不要忘了灰藓属苔藓（德语称"睡着的苔藓"）。

以前，人们经常用苔藓来填充枕头和床垫。这不仅使床铺变得柔软，而且正如我们今天所知道的，它们还能抑制真菌，防止皮肤感染。

你可以拿放大镜仔细观察一下苔藓。干燥的野草丛中，石头上的一些苔藓叶子上有闪亮的银色玻璃毛。它们长而透明的尖端像许多小保护屏一样反射太阳光，从而保护它们免受热损伤。玻璃毛还有助于苔藓吸收晨露和雾气中的水分，然后形成小水滴，流进苔藓垫中。这样一来，柔弱的小苔藓就可以轻松坚持到下一场大雨了。在其他种类的苔藓中，叶子从茎上伸出来，就像摊开的一样。还有一些苔藓的叶子是波浪形的，或者叶子顶端有尖刺。苔藓真的太美了，不是吗？仅仅在德国，苔藓的种类就高达约1000种。牧场草丛中只有少数几种，但在干燥或潮湿的野草丛中有很多种。泥炭藓非常厉害，经过干燥，它们可以吸收相当于其重量30倍的水。这就是为什么它们曾经被用作尿布、卫生纸和伤口敷料。

以后，当你看到有人从缝隙中刮出苔藓或从草坪上拔出苔藓时，可以把苔藓的作用告诉他们，例如，可以软化和过滤浇灌花卉的水。在水质非常硬的地区，苔藓可是大有用处：只需在浇水罐中加入一层苔藓，水就能软化，许多花就会很高兴。

湿果伞真菌

它们被施过魔法：野草丛里的真菌

是什么样的"帽子"在草丛里闪闪发光？明明它们昨天还不在这里！在野草丛中，时常会有真菌一夜之间就冒出来，有时它们甚至围成一圈——像仙女在那里施展过魔法一样。事实上，这种圆形的分散方式也被称为"仙女环"或"女巫环"。在中世纪，人们认为女巫在晚上会聚集在这些圆圈内表演舞蹈，并进行各种恶作剧。当然从来没有人亲眼看到过，这只是一种假设性的猜想，或者说是单纯的想象。至于有些真菌为什么以这种形式分布，很多人都想知道。真菌大部分时间生活在地下，形成细小的、类似蜘蛛网的细线网络，被称为菌丝体。但是为了形成和散播孢子，它们也必须在地面生长。生长在地面的这些可见的部分称为子实体，也就是我们俗称的真菌，但实际上子实体和我们看不到的菌丝体都是同一真菌的不同部位。一些真菌将它们的地下网络呈放射状传播。在这些射线的末端，它们的子实体出现了——圆形的女巫环就是这样在没有任何魔法的情况下产生的。这些圆圈可以分布得相当大，直径可以达到几米，有时甚至超过100米！同时它们的数量也非常多。

锁瑚菌

绯红湿伞真菌

据研究人员估算，世界上有300多万种真菌——这是所有已知植物种类数量的10倍，简直令人难以置信！然而，迄今为止，这些真菌中只有大约12万种是已知的，其余的仍待发现。在德国，迄今已知的真菌约有1.4万种。其中一些也经常在草丛中出现，如湿伞属真菌。它们颜色鲜艳，名字都很有趣，如湿果伞真菌（德语称"鹦鹉真菌"）或绯红湿伞真菌（德语称"樱桃红真菌"）。由于它们闪耀着美丽的光芒，看起来像彩色玻璃制成的，所以过去也被称为"玻璃真菌"。欧洲有大约40种不同的湿伞属真菌。它们出现的草丛通常被称为"湿伞属真菌草丛"。当鲜艳的红色、黄色甚至绿色的蘑菇帽闪亮登场时，看起来多么漂亮啊！当你看到它们时，应该感到高兴，因为这代表着面前的草丛只施过轻度肥或根本没有施过肥。还有很多其他的真菌在草丛中也比较常见，例如，粉褶蕈真菌、地舌菌、珊瑚菌和锁瑚菌。在营养丰富的野草丛中，偶尔还能发现漂亮的蘑菇和鬼伞真菌。

◇ 到底什么是真菌？

真菌既不是动物也不是植物。它们是一个完全独立的生物王国。不久前，它们还被算作植物之一，因为它们就像植物一样，牢牢地生长在一个地方，并在细胞外围有一个稳定的壁。然而，现在人们知道，真菌与动物的关系更为密切，而且它们的进食方式与动物完全相同——通过分解已经存在的外来生物质，并利用这些生物质来获得它们生活和身体所需的能量。植物叶片中的叶绿素利用阳光、空气和水制造自己所需的能量，这个过程被称为光合作用。

珊瑚菌

艰苦地区植物的超能力

紫羊茅

　　大多数草丛植物都生活得很容易：它们经常从空中获得良好的水分和阳光——当然，不能太多，也不能太少；它们还从土壤中汲取生活所需的养分，因此生长得缤纷绚丽，整个世界都在羡慕它们。但是，在条件特别困难的地方，植物是怎么度过的？例如在盐渍地，植物就飘走？在阳光暴晒的地方，植物就跑掉？不，它们被彼此牢牢地连接在一起。绝望？它们才不会呢！想各种各样的办法？是的，它们很擅长这个。在寻找巧妙的解决方案和应对特殊的挑战方面，许多植物都非常有应变能力。让我们来看看它们是如何解决这些问题的吧！

◇ 天啊，它们真够胖的！

　　阳光充足的地方很好，但有时也会太热。植物可不能像你一样迅速找到阴凉的地方。如果它们生长在阳光充沛的山区草丛、干燥的草原或石质土壤中，它们就别无选择，只能以某种方式保护自己免受阳光的过度照射。例如，在表面生长出白色的绒毛，就像白头翁属植物、高山火绒草一样，这是一种方式。另一种方式是利用身体的某些部位来储存水分。这是如何做到的呢？答案就是将叶子或茎变成厚实的肉质器官，在其中储存水分。你可能从仙

盐角草

人掌身上了解过这一点，它们通常有非常厚的茎和叶子，像总是放在背包里随身携带的水壶一样。当然，仙人掌在德国并不常见，但很多德国当地的植物都会运用这样的方式，例如，大戟（jǐ），它的叶子非常厚。景天属植物、佛甲草属也长出了肉质的叶子。因此，它们也被称为厚叶植物。

◇ 打蜡

在炎热、阳光充足的地方，一些植物的叶片上还会产生厚厚的蜡层，以减少水分的蒸发。这种"伎俩"很常见，例如榕叶毛茛。百里香属等植物的叶子演化成了针状的小叶子，这样在烈日下，它们被晒到的部分就会非常少。

◇ 运输盐分

生活在盐碱地的植物必须迅速将从环境中吸收的盐分运送到不会对自身造成损害的地方。海石竹通过其叶子上的腺体将吸收的盐分再次排出体外。岩荠将盐分输送到即将脱落的叶子和表面绒毛中。盐角草将吸收到的盐分主要集聚在茎节间皮层的大薄壁细胞中，盐分在那里不会造成任何伤害。而紫羊茅则采取了正确的预防措施，它通过根部非常细小的根毛过滤掉盐分，从而完全不吸收。

岩荠

海石竹

41

果园草丛：人类创造的天堂

"扑通扑通、咔嗒、扑通"……你们听过苹果成熟后从树上掉落到草丛里发出的美妙声音吗？在秋天，人们可以在特定的草丛里听到这种声音：这就是果园草丛。在这片由人类创造出的草丛里，到处都是高大的果树，果农们也不会喷洒农药。

草丛和果树的结合使果园草丛成为自然的天堂，许多动物和植物在这里安家。生活在这里的动物有睡鼠、蝙蝠和花园睡鼠等，也有超过1000种无脊椎动物；数十种不同的鸟类在树上觅食和繁殖，其中还有漂亮的彩色啄木鸟和许多欢快的鸣禽。此外，数以千计的不同昆虫和其他动物在树下找到庇护所和食物。当然还有很多喜欢吃落果的草丛访客，如狐狸、獾、野猪、鹿和刺猬。可惜的是，果园草丛是当今最稀缺的栖息地之一。除了为丰富的物种提供栖息地以外，它们对水果种植和畜牧业也很重要，能为牛和羊提供富含维生素的健康饲料。

◇ 顽皮的小家伙

你可能知道睡鼠，但你知道它的小亲戚——花园睡鼠吗？花园睡鼠喜欢果园草丛！在4~5月间，它会从漫长的冬眠中醒来，这时它已经睡了将近7个月。它会在晚上发出嚓嚓声，有时当它处于交配状态时还会发出相当响亮的吱吱声或者口哨声。不幸的是，花园睡鼠在欧洲正变得越来越罕见。为了确保它们的生存且收集到足够的信息，动物保护者发起了"寻找花园睡鼠的痕迹"活动。任何发现花园睡鼠的人都可以通过指定网站向他们报告。

花园睡鼠

◇ 呼，干杯！

一个成熟的苹果掉落在地上不会造成什么影响，但它的果肉中可能已经积聚大量酒精。果实越成熟，其含糖量就越高。当果实在阳光下晒了几天后，它所携带的糖分就被入侵的酵母菌转化为酒精，这就是发酵。发酵的水果会吸引獾、浣熊和其他哺乳动物。许多鸣禽对醉人的水果也非常喜爱。欧乌鸫（dōng）和紫翅椋鸟可以很好地消化这种水果，它们的肝脏能很快地分解酒精。它们唱的歌可能听起来有点走调——但谁在乎呢？即使是蝙蝠，在醉酒的情况下也能在夜里飞行，并在不撞到任何东西的情况下找到猎物。蚂蚁还会关爱同伴，把喝醉了的同类抱回巢穴，让它们在巢穴中安然入睡。拥有这样的朋友多么幸福！

田间野花丛：珍贵的迷你草丛

在这几十年的农业发展中，野花的生存环境被农业耕种挤压，很多已经灭绝了。但越来越多的农民意识到，田间地头上的野花丛能够帮助吸引昆虫。真希望能够看到，金黄色的农田旁，各种野花也能一起绽放：有鲜红的虞美人、天蓝色的矢车菊和菊苣。红白相间的野生胡萝卜花点缀在金黄色的农田和草本植物间，显得格外耀眼。在它们之间，金黄色的万寿菊、橙色的橙红莴萝和其他许多五颜六色的经过驯化栽培的野生植物在夏日的风中上下摇摆。"亲爱的农民伯伯，谢谢您的鲜花！"如果你遇到谁家的农田有这么多美丽的花，一定要告诉他，你有多喜欢这些花朵。说不定，这就能激励他明年再播种这些花；或许他还会给你一些花种，可以种在自己家花园的小角落。

有研究表明，花丛是动物重要的户外药房，因为许多药用植物也生长在其中。它们能够增强野兔的免疫力，让它们保持健康。

一些鸟类甚至会在鸟巢里铺些从花丛中带来的药用植物，这样它们的孩子就不会受到细菌、病毒和寄生虫的侵害了。最后，但也很重要的一点就是，几

虞美人

仓鼠

乎不被修剪的花丛也为田间仓鼠创造了栖息地。这些黑暗中的"英雄们"几乎只生活在农田旁。它们还有一种最喜欢的食物——新鲜的花朵。很多时候，它们会当场吃掉这些花朵，但有的时候它们也会把鲜花带回家给孩子们补充维生素。

◇ 交通要道和粮仓

当然，这样的田间野花丛往往只是沧海一粟，数量也远远比不上小草丛或者大花坛。但是，它对于保护生物多样性起到了不可或缺的作用，不仅对于植物，对于动物也是。它为小鹿和野兔提供掩护；对蜗牛、昆虫、鼩鼱和许多其他野生动物来说，它是连接各个区域的交通要道；最重要的是，它还为喜欢花朵的昆虫（如蝴蝶的幼虫），野兔、穴兔、田鼠，还有很多鸟类提供了食物。

矢车菊

优红蛱蝶

空气中有什么：草丛闻起来是什么味道的？

夏季，在五彩缤纷的草丛里，你可能时常会因为玩耍打闹、凝神观察或者是惊讶而喘不过气来。这个时候，一定不要忘记时不时地深呼吸一下，闻一闻花草的味道，根据一天中的时间和天气的不同，花草的味道也会有所不同：大雨过后草丛的气味与阳光灼灼的炎热夏日中草丛的气味不同，春天草丛的气味与秋天的气味也不一样，新鲜草丛的味道与刚修剪过的草丛味道完全不同——甜的、酸的、咸的、苦的、花香的、像蜂蜜的、陈旧的，也许有时候一点都不好闻。在炎热夏日，草丛的味道是最好闻的，就像盛夏时节一样，清新、自然又轻盈。躺在草丛里，深呼吸，调动你的感官，相信你的嗅觉！人类的嗅觉非常厉害，研究人员已经在人类基因组中发现了约1000种不同的嗅觉受体基因，即气味的感受器。在人类漫长的历史进程中，有将近2/3数量的嗅觉受体退化。据推测，是由于人类的生存不再需要它们。如今在人类身上仍有约350种嗅觉受体活跃着。通过它们，人类能够

金凤蝶

孔雀蛱蝶

分辨出约30亿种气味！在某些研究中，这个数值甚至更高。研究表明，人类能够分辨出1万亿种不同的气味，那可是在1后面有12个0——难以置信，对吧？当然，这必须经过系统的训练，不可能在一夜之间就能成功。现在你就可以在草丛里培养你的嗅觉天赋，开始练习吧。

◇ 灵敏的嗅觉

　　蜜蜂和人类一样，也有一个超级鼻子。由于其灵敏的嗅觉，经过训练的蜜蜂可以在几个小时内嗅出毒品、地雷爆炸物，甚至是冠状病毒，在人感染后出现症状前它就能够嗅出病毒。它们也很善于识别花香，研究人员发现，这些忙碌的超级小嗅探者可以从提供的1800多种气味中分辨出1700多种花香和果香，这简直令人难以置信。在它们的膝状触角前端大约分布了6万个嗅觉感受器（嗅觉窝）。这就是为什么植物不仅利用自己的花色来吸引勤劳的蜜蜂，还越来越多地利用气味信号来吸引它们。你看，草丛的味道对于人类来说非常有好处，但对于草丛里的植物来说，人类的作用或许没那么大，但也没关系，我们仍然可以享受草丛好闻的味道。

赤狐

荨麻蛱蝶

激动人心的科学：
草丛里有什么声音？

你可能已经听说过，草丛会发出声音，有时多一些，有时少一些。其实只要非常仔细听就能够听到。有风的低语，拂过树叶和花朵；还有草丛底部神秘的沙沙声和高空中鸟儿的歌唱。唧唧、喳喳、沙沙……蜜蜂嗡嗡作响，大黄蜂四处振翅，快乐的蝴蝶翩翩起舞。当然，还有很多蚂蚱在大声地鸣叫和追逐，有些在白天，有些在晚上。

在一个天然的草丛中，声音和音调非常多样。但是，如果草丛没有被保护好，例如说被过度使用、修剪过度频繁、使用过多的肥料，那只能让科研人员上场了。因为从某种意义上说，草丛变得安静，光靠我们的耳朵很难再听到草丛中的声音，但人类仍可以进行监测，那就是利用声波记录仪。

科学家可以用它来检测不同声景的变化，例如，记录昆虫的死亡。

生态声学或声景生态学仍然是新兴的研究领域，它主要
是用高性能的仪器记录声景变化。与传统的生物声学不
同，它不仅记录单个动物物种的声音，还记录自然景观的
声景，如小溪的潺潺声、风的咆哮声，甚至人类制造的交通噪
音。如果将其与早些年的录音比较，这些声音图像可以提供非常准确的报告，阐
释当前的草丛状态。而如今，不幸的是，报告常常清楚地表明生物多样性的损失
是多么巨大。

◇ 可以用来吹口哨的草和噼啪作响的花朵

你也可以在草丛里自己制造出有趣的声音。用草叶吹上几曲欢快的歌非常
容易；在远足的时候，用草叶发出声音、互相传递信息也非常方便。一旦掌握了
诀窍，用草叶吹口哨就会非常简单，只要用拇指和食指夹住一片草叶，然后使劲
吹，一定不能松手……

白玉草在7~8月盛开，特别适合用来玩各种夏季小游戏。你们看到那些像吹
满气的小气球的花头了吗？摘下几个，握住花茎，使劲地拍爆它们，砰！听到没
有？它们爆裂的时候，声音多么响亮！

植物的名字是怎么取的?

拨浪鼓（鼻花）

许多花的名字都起源于人们看到它们时联想到的动物。人们由这些显著的特征，如花的形状，花簇、叶子的外观或生长形式，联想到动物身体上的某些典型特征，大多数都会联想到哺乳动物和鸟类。当然花的颜色、声音，尤其是一些比较特别的特征，例如它的颤动、所在地以及很多其他特征都会激发人们命名植物时的想象力。

例如，因为锯齿状的叶子而被命名为"**狮子牙齿**"（在中国叫作"蒲公英"，德语称"狮子牙齿"）的植物：别担心，它不咬人！它的叶子边缘有不规则的锯齿，看上去非常危险，就像参差不齐的狮子尖牙。

例如，因为鼓起来的花萼（è）而被命名为"**鸽子嗉（sù）囊麦瓶草**"（在中国叫作"白玉草"或"狗筋麦瓶草"，德语称"鸽子嗉囊麦瓶草"）的植物：它的花朵看起来像鼓鼓的小气球，让它的命名者想起了鸽子的嗉囊。一些麦瓶草的茎顶部有绒絮，可以释放黏性物质，防止贪婪的昆虫爬上来。当然，鸽子的嗉囊上可没有这些能够释放黏性物质的绒絮。

**鸽子嗉囊麦瓶草
（白玉草）**

狮子牙齿（蒲公英）

例如，因为侧影很像游蛇而被命名为 **"游蛇头"** （在中国叫作 "蓝蓟"，德语称 "游蛇头"）的植物：游蛇会咬人，但没有毒，同样的，蓝蓟也没有毒。从侧面看这种植物的花，就像大张的、具有威胁性的游蛇嘴。雌蕊远远地伸出花外，在其末端分裂，就像是游蛇吐出来的蛇信子一样，只是它可做不到嘶嘶作响……

例如，因为声响而被命名为 **"拨浪鼓"** （在中国叫作 "鼻花"，德语称 "拨浪鼓"）的植物：在德国，很少有植物能够发出声音，漂亮的 "拨浪鼓" 就是其中之一。它成熟时，鼓起来的花萼里面会有很多种子，摇晃起来就像是纸袋中有小珠子在滚来滚去。这就是为什么以前这种植物还被称为 "沙锤" 或者 "节拍器"。但 "拨浪鼓" 可是个狡猾的音乐家，作为半寄生生物，它会从隔壁的植物邻居那里 "偷东西"。在黑暗的土壤中，它偷偷地挖掘其他植物的根部，提取水和营养物质供自己使用。唉！这只 "拨浪鼓"，表面看上去光鲜亮丽，地底下却这么 "狡猾"！

例如，因为花絮的样子而被命名为 **"狐狸尾巴"** （在中国叫作 "尾穗苋"，德语称 "狐狸尾巴"）的植物：这种植物的花絮很像红狐狸毛茸茸的尾巴。"狐狸尾巴" 是个很好的例子，说明非常常见的动物名字有可能被用于命名植物。"狐狸尾巴" 既可以指草丛中的甜草，也代表人们喜欢在花园里种的一种苋菜。所以，人们通常会在前面加上 "花园" 和 "草丛" 来区分这两种植物。

狐狸尾巴（尾穗苋）

游蛇头（蓝蓟）

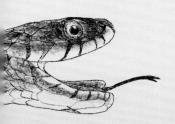

我的第一个植物标本

◇ 永恒的植物

自中世纪末以来，许多勇敢的探险家进行了漫长的旅行，以探索遥远国度中的植物。当时还没有相机或手机，他们如何向自己国家的人展示这些漂亮的陌生植物呢？如何将这些植物与自己国家的植物进行比较？如何更详细地描述它们呢？在回家的漫长路途中，大多数植物都会枯萎。所以他们所能做的就是尽可能详细、完整、清楚地就地描绘出这些植物，或者通过干燥的方式保存起来带回家。

干燥的方式演变为现在的标本制作。你也可以像当年的探险家一样制作植物标本。下次你去草丛散步时，可以采一些花，回到家中，打开一本书，垫上一张干净的纸，把花放在纸上，头朝下，然后再拿出另外一张干净的纸压在上面，合上书。你还可以把书架上其他的书压在有花的那本书上，给它增加压力，像这样放置2~4周。如果有条件，可以时不时地更换一下纸张，可以让花朵干燥得更快，保存得更完整。几周后，把干花从书里拿出来，用胶水或胶带小心地把它们粘在画纸上。

花朵

叶片

茎

虞美人

烟草甲虫

不要忘记给它们贴上标签，记录你在什么地方、什么时候收集了什么东西。这样一来，多年以后你仍旧可以回忆起一次次收集之旅。干花不像鲜艳的花朵那么五颜六色，你也不用伤心，它们在干燥的过程中失去颜色是很正常的。你更有理由尝试一下将它们画出来。

◇ 难以估量的宝藏

世界上有许多保存植物标本的场馆。在世界各地的植物研究所和自然历史博物馆中，保存着超过3亿株的植物标本。这其中还不包括作为私人收藏、被保存在家里的很多标本。好好地保管它们是研究人员的重大责任。毕竟，这些植物标本对于未来的科学研究具有不可或缺、无可替代的价值。

◇ 你见过烟草甲虫吗？

最好没见过，因为它的幼虫有一种最喜欢吃的食物：干燥的、被压过的植物。如果它们繁殖能力没有那么强的话，情况也不是那么糟糕。但事与愿违，烟草甲虫的繁殖能力非常强，一不注意，它们就可能把所有的植物标本吃得一干二净。不过别怕，将干燥的植物标本放在冰箱冷冻层几周，这样一来就能将烟草甲虫的幼虫冻死。

值得一去的野草丛

世界上有许多著名的山峰，如马特洪峰、楚格峰，或珠穆朗玛峰；也有许多著名的湖泊，如博登湖、米里茨湖或基姆湖。当然，也有像波罗的海和北海这样的著名海域，还有多瑙河、莱茵河、易北河、美因河和施普雷河等著名河流。但著名的野草丛呢？并不存在，是吗？哈，你们想错了！

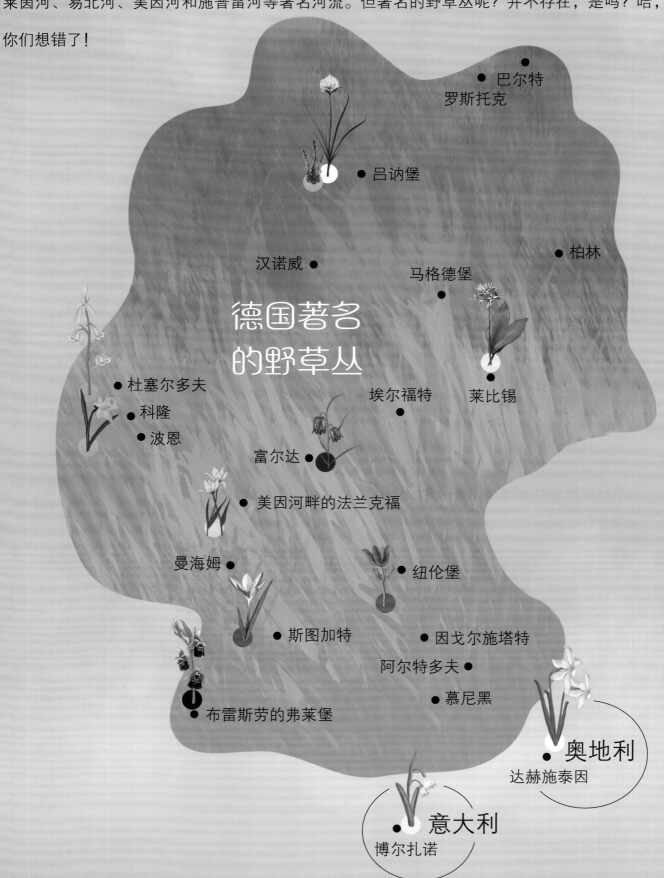

巴尔特
罗斯托克
吕讷堡
柏林
汉诺威
马格德堡
德国著名的野草丛
杜塞尔多夫
科隆
波恩
埃尔福特
莱比锡
富尔达
美因河畔的法兰克福
曼海姆
纽伦堡
斯图加特
因戈尔施塔特
阿尔特多夫
慕尼黑
布雷斯劳的弗莱堡
奥地利
达赫施泰因
意大利
博尔扎诺

花格贝母

在施佩萨尔特地区的奥维森，美因河畔格明登和维尔德弗莱肯之间的辛恩河畔有一大片野草丛，花格贝母从4月底开始盛开。这片野草丛需要定期浇水。

野生番红花

人们可以在黑森林里欣赏到德国南部最大的野生番红花群：它位于察弗尔施泰因附近的特纳施塔尔山谷地区。野生番红花是数百年前从地中海地区引进的，现在在德国已经呈疯长趋势。

帚石楠

8~10月，吕讷堡野草丛长满了帚石楠花，就像一片紫色的花毯一样。帚石楠之所以有这样的名字，是因为从前人们真的是用它的枝干制作扫帚。

白毛羊胡子草

在许多沼泽地，包括吕讷堡野草丛中的沼泽地，无数白色的、轻如羽毛的长絮在5~6月的风中轻轻摇曳。白毛羊胡子草的种子被白色长须包裹着，在空中迎风飘洒。

水仙花

在蒙绍和黑伦塔尔之间的埃菲尔山中有一片广阔的水仙花草丛，那里大约有600万朵水仙花，是德国最大的野生水仙花丛。它们的花几乎都是双色的：中间管状的副冠闪耀着明亮的黄色，周围的花瓣则呈黄白色。

兰花

在凯泽斯图尔附近的兰花山谷，有一片阳光充足的干燥草丛，这里5~8月会盛开大约20种不同的漂亮兰花，包括紫色野生兰花和红火烧兰。在德国，所有的兰花都是重点保护植物——因此，只能观赏，不能触碰！

蓝铃花

在许克尔霍芬附近，有一片迷人的"蓝花森林"。5月，蓝铃花在这片潮湿的森林草丛中绽放。这么漂亮的蓝铃花，也有轻微的毒性！

野生郁金香

在整个德国，只有一种郁金香会在野外出现：森林或葡萄园郁金香。它只生长在阳光充足的地方，如莱茵黑森地区高-奥登海姆的葡萄园草丛。

狭叶水仙

在达赫施泰因和托特格比尔格之间的奥地利奥瑟兰地区，有一片营养贫乏、潮湿的山地草丛，这里在5~6月会有无数的狭叶水仙绽放，散发着浓郁的花香。

雪片莲

在意大利南蒂罗尔的福灵山谷，得益于卡尔达罗至蒙蒂格尔湖的气候，有一个"鲜花谷"。在这里，铃兰水仙开得特别漂亮，它有一个更加为人所知的名字——雪片莲。

白头翁

在阿尔特穆尔山谷的杜松草丛里，生长着众多的白头翁花。它们花柱上覆盖着银色的长绒毛，可以保护它们不受阳光照射。轻轻抚摸它们，我们就会感受到花朵如丝般的柔软。在一些地区，它们也被称为牛铃花、铃铛花、银铃花或复活节铃铛花。

熊葱

在5~6月，熊葱大蒜般的气味笼罩着许多冲积林草丛，让人时常感到饥饿。在北埃菲尔、莱比锡的奥恩瓦尔德、特托堡和图林根森林，特别是德国南部的许多地方，都可以见到漂亮的熊葱。

词汇表

种子：显花植物所特有的器官，由完成了受精过程的胚珠发育而成，通常包括种皮、胚和胚乳三部分。它们通常被包裹在保护性的种皮中，并且经常嵌入对动物来说味道鲜美的果肉（如浆果、坚果、核果）中。

泡沫塑料：白色、非常轻的硬质泡沫包装材料，作用之一是绝缘。

遗骸：本书特指动物的尸体。

草丛类型：每片草丛都是不同的。科学家们可以根据其中生长的植物群落和土壤的情况将每片草丛归类。这有时并不容易，因为仅在德国就有大约60种不同类型的草丛。最为人熟知的是干草丛、湿草丛、营养不良的粗糙草丛和营养丰富的草丛。

口器：由昆虫头部后的3对附肢和一部分头部结构组成，有摄食、感觉等功能。

微生物：形体微小、构造简单的生物的统称。它们是如此之小，用肉眼都无法看到它们，需要用显微镜来观察。许多单细胞生物都属于这一类，如细菌和小型原生生物。

花蜜：花朵分泌出来的甜汁，能引诱蜂、蝶等昆虫来传播花粉。

紫外线：波长比可见光短的电磁波，在光谱上位于紫色光的外侧，人眼不可见的光。紫外线（UV）比可见光的能量更高。如果人在阳光下暴露的时间过长，就会引起皮肤晒伤。许多昆虫可以看到这种光，并靠近那些具有特殊颜色或在紫外光下特别漂亮的花朵。

生物发光：有些生物可以自己产生光，例如少数水母、深海鱼和真菌，当然还有萤火虫。当两种物质（荧光素和荧光素酶）相互反应时，再加上一点氧气（占我们周围空气的1/5，对我们的呼吸很重要）和身体细胞的能量，就会产生光。这个化学过程被称为生物发光。

超声波：超过人能听到的最高频（约2万赫兹）的声波。近似做直线传播，在固体和液体内衰减较小，能量容易集中，能够产生许多特殊效应。广泛应用在各技术部门。一些动物（如蝙蝠）可以通过接收超声波来确定方向：它们在飞行时，发出的超声波会被障碍物反弹。从回声中，它们可以推断出目前所处的飞行环境。

反射：光线、声波等从一种介质到达另一种介质的界面时返回原介质。如果把球扔到墙上，它就会反弹回来。同样的情况也发生在光和声波上。它们也会被撞到的障碍物反弹回来，也就是反射。这也是为什么人们在镜子里能看到自己的原因：光波打在镜面上，再把光反射到视网膜上。

伞形科：植物中分为许多科。拥有物种数量较多的科包括蝶形花亚科、菊科和伞形科。伞形科植物包括野胡萝卜、芹菜和香芹等。花小，成伞形花序，先形成小伞，再形成更大的伞形花序。

维管组织：由植物的木质部和韧皮部组成的成束状排列的组织，输导水分和营养物质。

爬行动物：脊椎动物的一纲，体表有鳞或甲，体温随着气温的高低而改变，用肺呼吸，卵生或卵胎生，无变态。如蛇、蜥蜴、龟等。

两栖动物：脊椎动物的一纲，通常没有鳞或甲，皮肤没有毛，四肢有趾，没有爪，体温随着气温的高低而改变，卵生。幼时生活在水中，用鳃呼吸，长大时可以生活在陆地上，用肺和皮肤呼吸，如青蛙、蟾蜍、蝾螈等。

肥料：能供给养分使植物发育生长的物质。当土壤中的养分被吸收完后，就需要给植物提供肥料。肥料是一种生长助剂，是植物的饲料，能使它们长得又大又壮。肥料的种类有：由腐烂的植物和动物排泄物制成的有机肥料、无机肥料和人工生产的肥料。

氮：植物营养的重要成分之一。如果在土壤中没有足够的氮，则需要通过有机肥料（如粪便、枯萎的植物）或矿物肥料（如人工肥料）来提供。

氮氧化物：由氮和氧组成的各种气态化合物。它们在煤炭、天然气和石油的燃烧过程中作为废气产生。氮氧化物最常见的来源为：工业，加热系统，汽车、飞机和船舶发动机。

孢子：某些低等动物和植物产生的一种有繁殖作用或休眠作用的细胞，离开母体后就能形成新的个体。就像开花植物的种子一样，孢子的形成是为了生物体的繁殖。

生物质：通过光合作用形成的各种有机体。

叶绿素：植物体中的绿色物质，是一种复杂的有机酸。植物利用叶绿素进行光合作用制造养料。

细胞：生物体结构和功能的基本单位，形状多种多样，主要由细胞核、细胞质、细胞膜等构成。植物的细胞膜外面还有细胞壁。细胞有生长、代谢和遗传等功能。

细菌：原核生物的一大类，形状有球形、杆形、螺旋形、弧形、线形等，一般都通过分裂繁殖。自然界中分布很广，对自然界物质循环起着重大作用。有的细菌对人类有利；有的细菌能使人类、牲畜等发生疾病。

嗅觉受体：专门用于接收和感知气味的感受器。人类的鼻黏膜上有许多带有感受器的嗅觉细胞。

声景：声音的景观，是指在一个环境内由一系列蕴含不同信息的声元素构成的总体。

声学：物理学的一个分支，研究声波的产生、传播、接收和作用等。声音是声波通过听觉所产生的印象，例如，鸟鸣和蜜蜂嗡嗡飞舞的声音，音乐和人们的谈话也包括在其中。声音由物体振动产生，以波的形式在空气中传播，被接收器接收，例如你的耳朵。